BEI GRIN MACHT SICH IHR WISSEN BEZAHLT

- Wir veröffentlichen Ihre Hausarbeit, Bachelor- und Masterarbeit

- Ihr eigenes eBook und Buch - weltweit in allen wichtigen Shops

- Verdienen Sie an jedem Verkauf

Jetzt bei www.GRIN.com hochladen und kostenlos publizieren

Bibliografische Information der Deutschen Nationalbibliothek:

Die Deutsche Bibliothek verzeichnet diese Publikation in der Deutschen National-
bibliografie; detaillierte bibliografische Daten sind im Internet über http://dnb.d-
nb.de/ abrufbar.

Impressum:

Copyright © 2006 GRIN Verlag, Open Publishing GmbH
Druck und Bindung: Books on Demand GmbH, Norderstedt Germany
ISBN: 978-3-668-22420-9

Dieses Buch bei GRIN:

http://www.grin.com/de/e-book/74474/die-sprachentwicklung-des-menschen

Eva-Christina Krüger

Die Sprachentwicklung des Menschen

GRIN Verlag

Sprachentwicklung des Menschen

Eine Hausarbeit von

Eva-Christina Krüger

4. Semester

Universität Hildesheim

Institut für Biologie

im Rahmen des Seminars Evolution des Menschen (WS 05/06)

11.07.06

Inhaltsverzeichnis

Vorwort

Im Rahmen des Seminars Evolution des Menschen habe ich mich dazu entschlossen, eine Hausarbeit über das Thema Sprachentwicklung des Menschen zu schreiben, denn das Hauptmedium was uns Menschen zur Kommunikation zur Verfügung steht, ist die Fähigkeit, unsere Gedanken und Gefühle über Sprache anderen mitzuteilen.

Wie Sprache definiert werden kann und was sie von den Kommunikationsformen der Tiere unterscheidet, ist Inhalt der ersten beiden Abschnitte. Nachdem ich die Unterschiede und Gemeinsamkeiten zwischen tierischer und menschlicher Kommunikation erläutert habe, werde ich im dritten Kapitel auf die Theorien und Hypothesen zum Ursprung der Sprache zu sprechen kommen, eine Frage, die die Menschheit seit Generationen fasziniert und bisher noch nicht durch empirische Belege gelöst werden konnte.

Allerdings, und darauf werde ich im vierten Abschnitt genauer zu sprechen kommen, sind die anatomischen Voraussetzungen, die uns zu unserer Sprachfähigkeit befähigen, bereits erforscht, wobei auch dieses Thema noch genauerer Erforschungen bedarf, die die explizite menschliche Sprachfähigkeit begründen. Wie ich noch genauer erläutern werde, sind in den letzten Jahren immer wieder Erkenntnisse gewonnen worden, die die bis dato als ausschlaggebenden Faktoren für menschliche Sprachfähigkeit auch bei Primaten nachweisen konnten.

Von den Entwicklungen dieser anatomischen Voraussetzungen im Verlauf der Evolution und Vergleichen derselben mit denen unserer nächsten Verwandten, den Primaten, handelt dann das folgende Kapitel.

Zum Abschluß werde ich im Fazit meine eigene Meinung zu den verschiedenen Sprachentstehungstheorien und sie bedingenden Kriterien nennen, wobei ich mich auf in vorherigen Kapiteln bereits erwähnte Fakten und Ideen beziehen werde.

Anmerkung:

Wenn ich in den folgenden Abschnitten von „Sprache" spreche und sie nicht explizit genauer bezeichne, so beziehe ich mich stets auf die unsrige, also die des Homo sapiens sapiens.

Definition und Merkmale von Sprache

Sprache im weiteren Sinne kann als Grundlage jeglichen Kommunikationssystems zwischen Lebewesen zum Zwecke der Informationsvermittlung beschrieben werden. So gibt es neben der menschlichen Sprache auch tierische Sprachen, wie zum Beispiel die Bienensprache. Diese Tiere können durch festgelegte, immer gleich ablaufende körperliche Bewegungsabläufe (Tänze) ihren Artgenossen Hinweise auf eine Nahrungsquelle geben. Explizit menschliche Sprache kann „als strukturiertes System von Zeichen, als System von Regeln das Laut und Bedeutung in Beziehung setzt, als Ausdruck von Gedanken durch Laute, als Element des Denkens, als Ausdrucksform menschlicher Erfahrung, als Verständigungsmittel, als System von Regeln sozialen Handelns." (www.discovery.de/spuren_der_menschheit/menschwerdung/sprache.shtml) definiert werden. Deutlich wird in der Beschreibung, dass sowohl tierische als auch menschliche Sprache

- Werkzeug der Kommunikation ist, wobei Kommunikation immer zur wechselseitigen Übermittlung „von Daten oder von Signalen, die einen festgelegten Bedeutungsinhalt haben, auch zwischen tierischen und pflanzlichen Lebewesen [...]."dient (http://de.wikipedia.org/wiki/Kommunikation),
- Kommunikation mittels Sprache also stets ein wechselseitiger Prozess zwischen Sender um Empfänger ist und
- Sprache infolgedessen immer Merkmal einer Gemeinschaft ist.

„Entscheidend für die Theorie vom Funktionieren der Sprache sind folgende Grunderkenntnisse: Die Beziehung zwischen Zeichen [...] und Bezeichnetem [...] hängt von der jeweiligen Sprachgemeinschaft ab;[...]." (Meyers Grosses Taschenlexikon, Bd. 21, Stichwort Sprache, S.173). Sender und Empfänger von Sprache müssen demnach Mitglieder derselben (Sprach)-Gemeinschaft sein, um die intendierten Kommunikationsinhalte vermittelbar zu machen. (*So wird die Biene wohl kaum zur Nahrungsquelle finden, wenn sie von menschlicher Seite durch Worte mitgeteilt bekommt, wo reichhaltige Nektarquellen zu finden sind.*)

Wenn Sprache Merkmal einer Gemeinschaft ist, übernimmt sie auch eine Identifikationsfunktion, durch die die Zugehörigkeit zu einer bestimmten Gruppe signalisiert und gleichzeitig die Abgrenzung von anderen Gruppen gezeigt wird.

Gemeinsamkeiten und Unterschiede zwischen menschlicher und tierischer Sprache

Sprache, sowohl menschliche als auch tierische, folgt also immer bestimmten Regeln, die sowohl dem Sendenden als auch dem Empfänger bekannt sein müssen, um den Informationsaustausch zu ermöglichen. Wie ich im vorherigen Abschnitt bereits gezeigt habe, kann die Vermittlung der Informationen dabei auf verschiedenen Ebenen ablaufen: auf physisch-visueller Ebene, durch Körpereinsatz, Gestik und Mimik sowie auf akustischer Ebene durch Lautäußerung mithilfe bestimmter Organe.

Auch Menschen bedienen sich der körperlichen Sprache, zum Beispiel der Gestikulation oder der Gebärdensprache. Ein großer Unterschied zur tierischen Kommunikation ist jedoch die Fähigkeit, ständig neue Kommunikationseinheiten zu erschaffen. Während die Informationseinheiten der Tiere einem begrenzten und endlichen Ausmaß unterliegen, sind Menschen imstande, ihre Sprache (sei es nun die Gebärdensprache oder die gesprochene Sprache) kontinuierlich zu erweitern, zu modifizieren und umzubilden sowie, auf die gesprochene Sprache bezogen, durch Lautkombinationen aus Einzellauten und deren gleichzeitiger Hinterlegung mit Bedeutung (vgl. http://www.discovery.de/ spuren_der_menschheit/ menschwerdung/sprache.shtml) neue Informationseinheiten zu schaffen.

Menschliche Sprache unterliegt einer Kreativität, die es ermöglicht, ein und dieselbe Information auf verschiedene Arten, durch verschiedene Gesten und Lautkombinationen zu vermitteln und einzelne Informationseinheiten kontextunabhängig zu verwenden und zu verstehen. Sie ist durch Begriffe gekennzeichnet, die mit unterschiedlichen Worten erfasst werden können (zum Beispiel. Frau / Dame, Mann / Herr), wobei auch einzelne Worte unterschiedliche Begriffe beschreiben können (zum Beispiel Schloss = Gebäude, Schloss = Absperrvorrichtung). Weiterhin ist sie dadurch gekennzeichnet, dass sie keinem strikten Ablauf unterliegt, da die einzelnen Informationseinheiten beliebig untereinander kombiniert und verwendet werden können und dennoch vom Empfänger verstanden werden kann Die Semantik bleibt also bestehen. So kann die Aussage „ich habe Hunger" auch mit „ich bin hungrig" , „ich möchte etwas essen", „wann gibt es essen?", „Hunger", „wo kann ich etwas essen?" „ich brauche etwas zu Essen"... etc geäußert werden. V. Fromkin u.a. (2003) weisen darauf hin, dass tierische Sprache hingegen nur erfolgreich vom Empfänger verstanden werden kann, indem die zu vermittelnde Information stets auf die gleiche Art und Weise mitgeteilt wird. Würde die Biene sich dazu entschließen, ihren zur Anzeige der Nahrungsquelle dienenden Tanz anders als gewöhnlich oder in einer anderen Reihenfolge auszuführen, fänden die Empfänger ihrer Nachricht nicht zu der Nahrungsquelle. Mit einher geht die Begrenztheit der Informationsvermittlung sowie die der Informationsvermittlung dienenden Mittel, so kann die Biene zwar mitteilen, in welcher Entfernung die Nahrungsquelle zu finden ist und ob die Qualität gut ist, sie kann aber nicht mitteilen, dass der Weg dahin unter Umständen mit einigen Schwierigkeiten verbunden ist und sie kann sich keinen neuen Tanz ausdenken. Auch kann sie ihre Mitteilung nicht durch Auslassen einer bestimmten Informationseinheit vereinfachen. Damit sie verstanden wird, muss sie immer den kompletten Tanz mit all seinen Bestandteilen ausführen, wobei die Einzelschritte allein keine Bedeutung tragen. Die intendierte Informations-vermittlung muß immer dem gleichen Schema folgen. Ein weiterer wichtiger Aspekt der Unterscheidung zwischen menschlicher und tierischer Kommunikation ist, dass tierische Kommunikation meist entweder stimulationsgebunden auftritt (Die Biene vollzieht ihren Tanz, weil sie Nahrung gefunden hat und nicht weil sie Lust hat, zu tanzen), oder um bestimmte Signale wie Drohungen, Paarungsbereitschaft oder Warnung vor Gefahren zu äußern (Vögel singen nicht, weil sie Spaß am Singen haben sondern , um ihr Revier zu markieren, vor Gefahr zu warnen oder um Partner anzulocken (Fromkin et al. 2003).

Es wird also deutlich, dass tierische Kommunikation meist bestimmten, für das Fortbestehen notwendigen, sie auslösenden Ursachen unterliegt die an Ort und / oder Zeit gebunden sind, während menschliche Kommunikation auch ohne solche stattfinden kann. Weiterhin ist die Vielseitigkeit menschlicher Sprache so komplex, dass sie, im Gegensatz zu tierischen Kommunikationsformen, die größtenteils angeboren sind, erlernt werden muss. Mimische, gestikulierte oder durch emotionale Einflüsse hervorgerufene Lautäußerungen, wie beispielsweise Angstschreie oder ein Lächeln als Zeichen freundlicher Gesinnung hingegen sind auch beim Menschen angeboren. Menschliche Sprache auch immer Ausdrucksmittel unserer kognitiven Prozesse und somit Werkzeug des Denkens. Gleichzeitig ist das Denken Werkzeug der Sprache. Besonders deutlich wird dieser Aspekt in der Erfindung abstrakter Begriffe, die jeglicher visueller, auditiver, olfaktorischer, taktiler oder gustatorischer Evidenz entbehren. Menschliche Sprache ist also eine Symbolsprache.

Dieser Umstand ermöglicht eine „Welt des Geistigen" in der auch nicht an Objekte gebundene Begriffe gebildet werden können, wodurch eine Loslösung von Zeit und Ort ermöglicht und zukünftige Situationen planbar gemacht werden (vgl. Siewing 1987, S.

511). Hingegen ist die Ausbildung innerartlicher Sprachvarianten aufgrund von geografischen Unterschieden und Umweltbedingungen sowie gruppenspezifischen Besonderheiten ist ein gemeinsames Merkmal tierischer und menschlicher Sprache. Zudem erfüllt innerartliche Kommunikation bei allen Lebewesen auch immer eine soziale Funktion.

Ursprünge der menschlichen Sprache

Über die Ursprünge der menschlichen Sprache kann man bis heute nur spekulieren. So existieren unter den Evolutionsbiologien und den Linguisten die unterschiedlichsten Ansätze, die das Entstehen dieses Phänomens zu klären versuchen, jedoch gibt es bislang keine empirisch belegbaren Beweise, die einer der Hypothesen voll und ganz zustimmen. Zudem birgt die Frage nach dem Ursprung unserer Sprache eine weitere in sich und zwar die nach einer Sprachmonogenese, also die Frage nach einer gemeinsamen Ursprache. Allerdings ist auch dieser Punkt bis heute immer noch ungeklärt. Es gibt zwar deutliche Hinweise dafür, dass die ca. 6000 aktuell noch existierenden Sprachen in unterschiedliche Sprachfamilien eingeteilt werden können, derer sie entstammen, dennoch ließen sich keine eindeutigen Hinweise auf nur eine einzige Ursprache finden. Die Klärung dieses Phänomens beschäftigt die Menschheit seit mehr als 2000 Jahren. So ließen schon die alten Ägypter zur Klärung dieser Frage Kinder in sprachisolierten Verhältnissen aufwachsen, um zu überprüfen, ob und falls ja, welche(s) Wort bzw. welche Sprache diese Kinder als erstes äußern würden. Der Pharao Psammetichus (664 - 610 v.Chr.), auf den dieses Experiment zurückging, hatte die Hoffnung, dass seine Versuchspersonen ihre eigene Sprache entwickeln würden, welche dann folglich die Ursprache sein müsse. Den Dokumenten zufolge war das erste geäußerte Wort *„bekos"*, das phrygische Wort für "Brot". Somit war Phrygisch für Psammethichus die Ursprache aller Sprachen. Allerdings wurden in den darauffolgenden Jahrhunderten vergleichbare Experimente mehrfach wiederholt, wobei jeder Versuch eine andere Ursprache zum Ergebnis hatte. Andere Fälle jüngerer Vergangenheit zeigen jedoch, dass Kinder, die isoliert von linguistischen Einflüssen aufwachsen, überhaupt keine Sprache produzieren. (Fromkin et al. 2003)
Auch den heutigen Wissenschaftlern ist es bisher nicht gelungen, die menschliche Sprachenvielfalt auf lediglich eine Ursprache zurückzuführen. Aktuelle Zahlen nennen 200 Ursprachen, aus denen sich die heute existierenden Sprachen entwickelt haben.

Ähnlich weichen die Annahmen über die Entstehung von Sprache auseinander. Es gibt Ansätze, die die Genese von Sprache auf onomatopoetische Ursachen zurückführen, also auf Imitationen von in der Umwelt auftauchenden Lauten oder auf Ausdrücke emotionaler Regungen und Empfindungen, wie zum Beispiel Schmerzempfindungen. Andere Erklärungsansätze nennen vor allem Änderungen in der sozialen Gruppenstruktur als Auslöser für das Hervorkommen von Sprache, so sei laut R. Dunbar die Sprache als Ersatz für das gegenseitige Allogrooming, was wir heute noch bei den Primaten finden, eingetreten, da sie eine größere und dennoch zusammenhängende Gruppengemeinschaft ermöglichte (vgl. Mechsner, 1998, S.83). Wieder abweichende Sichtweisen tendieren dahin, dass Sprache sich mit der immer fortschreitenden Komplexität der Werkzeugherstellung herausgebildet hätte, da die Weitergabe der Anfertigungsweisen derselben von einer zur nachfolgenden Generation durch bloße Nachahmungen nicht mehr ausreichend präzise gewesen seien (vgl. Mechsner, 1998, S.82).

Abgesehen von diesen Theorien gibt es weitere Unklarheiten, die sich auf die Sprachentwicklung beziehen. So konkurriert die Idee der Kontinuität der Sprachentstehung, sprich einer evolutiven, sich von den Lautäußerungen und Kommunikationsformen unserer sämtlichen Vorfahren zu unserer spezifischer menschlichen Sprache kontinuierlich entwickelten Sprachentstehung mit der der Diskontinuität . Letztere stellt vor allem die qualitativen Unterschiede zwischen menschlicher Sprache und tierischen Lautäußerungen in den Vordergrund, und geht davon aus, dass Sprache erst ziemlich spät in der Entwicklungsgeschichte der Gattung *Homo* entstand. Der diskontinuierlichen Sichtweise zufolge, sei es also zu einer Art „Sprachexplosion" gekommen. (vgl. Fromkin et al.., 2003, S. 59 , Mechsner, 1998, S.77)

Anatomische Voraussetzungen für menschliche Sprache

Damit wir Menschen unsere Sprache durch Lauterzeugung in Form von Worten produzieren können, bedarf es bestimmter anatomischer Ausstattungen, die uns diese Fähigkeit ermöglichen. Dazu zählt neben dem Ansatzrohr, bestehend aus „dem Raum oberhalb der Stimmfalten, Rachen, Mund- und Nasenhöhle" (Storch u.a., 2001, S. 378f) die Stellung des *Larynx* (Kehlkopfes), die beim *Homo sapiens sapiens* deutlich tiefer als bei den ihm verwandten Primaten liegt und somit ein größeres Lautspektrum durch einen vergrößerten Resonanzraum oberhalb der Stimmlippen

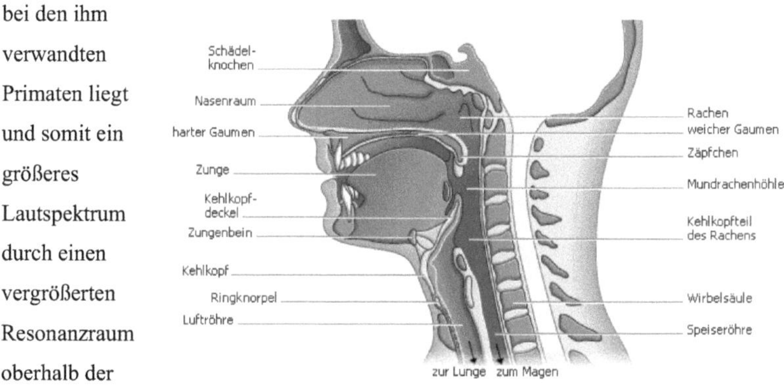

Abb. 1 Sprechapparat Mensch © Microsoft Corporation

ermöglicht. Diese werden bei der Lauterzeugung „durch die aus Bronchien und Trachea strömende Luft in Schwingungen versetzt und nähern sich einander bei der Stimmbildung" (Storch et al., 2001, S.378) wodurch die *Glottis* (Stimmritze) verengt wird. Die Lage des Kehlkopfes selbst scheint dabei abhängig von der Wölbung der Schädelbasis zu sein, denn je gewölbter sie ist, desto tiefer liegt der Kehlkopf und desto größer ist der Rachenraum. Auch dass die *Epiglottis* (Kehldeckel) unter dem Gaumensegel liegt, nennen Storch et al. (2001) als Voraussetzung für die Sprachfähigkeit. Im Ansatzrohr werden durch schnelle Formveränderungen beweglicher und verstellbarer Wandstrukturen von Zunge, Lippen, Wangen, Kiefer und Gaumensegel die aus der Stimmritze stammenden Töne zu einem differenzierten Laut verändert. Der Kehlkopf steht durch äußere Kehlkopfbänder mit dem *os hyoideum* (Zungenbein) in Verbindung, was durch hier ansetzende Muskeln die Lage des Kehlkopfes und somit auch den Raum des Ansatzrohres verändern kann. Durch den *Nervus vagus*, den zehnten Hirnnerv, stehen die Muskeln des Kehlkopfes über motorische Fasern mit unserem Gehirn in Verbindung wodurch das Sprechen und Schlucken ermöglicht wird (vgl. Faller, 1999, S. 597).

Wichtig für die Sprachfähigkeit der Menschen ist außerdem die Weite des *Nervus hypoglossus*-Kanals (Unterzungennervkanals). Der *Nervus hypoglossus* ist der 12. Hirnnerv und innerviert sämtliche Muskeln der Zunge. Er erwies sich bei Untersuchungen an allen „Vertretern der Gattung *Homo* als fast doppelt so weit wie bei den Affen und den Australopithecinen" und könne so zu einer feinen Steuerung der Zungenmuskulatur, wie es für die Sprachverwendung notwendig sei, dienen (Mechsner, 1998, S. 78). Neben einer geschlossenen Zahnreihe spielt über die genannten anatomischen Merkmale hinaus die Fähigkeit zur Atemkontrolle eine weitere wichtige Rolle in der Sprachentstehung, denn ohne Atemkontrolle ist flüssiges Reden unmöglich. Weiterhin ist ein intaktes Hörvermögen eine wichtige Funktion sowohl beim Sprechen als auch beim Verstehen. Wie ich allerdings schon erwähnt habe, können taube Menschen auch mittels Gebärdensprache kommunizieren, womit das Vorhandensein eines gesunden Hörverstehens keineswegs als notwendige sondern eher als hilfreiche Voraussetzung für menschliche Sprachfähigkeit genannt werden darf.

Aber nicht nur die anatomischen Gegebenheiten im Rachen- und Mundbereich, die der Artikulationsfähigkeit dienen, sind Bedingungen für menschliche Sprachfähigkeit sondern vor allem auch die Beschaffenheit unseres menschlichen Gehirns, denn jenes ist der Ort der Sprachentstehung. Von hier werden Nervenimpulse zu den Organen und am Sprechen beteiligten Muskeln gesendet, die dann innerhalb kürzester Zeit die Befehle unseres zentralen Steuerungsapparats ausführen.

Vor allem der linken Gehirnhälfte kommt bezüglich unserer Sprachfähigkeit eine besondere Bedeutung zu, denn sie ist sowohl für die Sprachproduktion als auch für das Sprachverständnis zuständig. Im Temporallappen der Großhirnrinde existiert sowohl auf der linken als auch auf der rechten Seite eine Region, die die Sprachzentren beherbergt, das sogenannte *Planum temporale*. Auffällig ist allerdings, das es in der linken Hirnhälfte deutlich größer ausgeprägt ist als in der rechten Hirnhälfte. Wie Fromkin et al. (2003) erwähnen, fand bereits Ende des 19. Jahrhunderts der Wissenschaftler Paul Broca heraus, dass Sprache mit der linken Gehirnhälfte in Verbindung steht. Durch Untersuchungen an Gehirnen verstorbener Patienten, die zuvor an Sprachproduktionsfehlern litten, ermittelte er einen Bereich des unteren Frontallappens der linken Gehirnhälfte, der bei all seinen Patienten geschädigt war. Daraus schloss er, dass Sprache in der linken Hemisphäre lokalisiert ist.

Der von ihm definierte Bereich wird heute Broca'sches Zentrum genannt. Aber auch Schädigungen im „Frontal-, Parietal- und Temporallappen des Endhirns" (Storch et al. , 2001, S. 379) können motorische Sprachstörungen auslösen. Wenige Jahre später bestätigte auch der

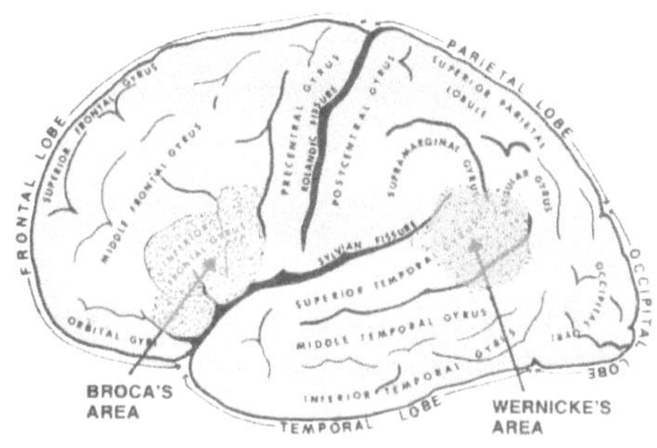

Figure 2.3   Lateral (external) view of the left hemisphere of the human brain, showing the position of Broca's and Wernicke's areas—two key areas of the cortex related to language processing.

Abb.2 Broca'sches und Wernickes Zentrum

Wissenschaftler Carl Wernicke die linksseitige Zuständigkeit des Gehirns für die Sprache. Im Gegensatz zu Brocas Patienten litten seine Erkrankten allerdings unter Sprachverständnisschwierigkeiten. Außerdem traten diese Schädigungen im oberen Bereich des Temporallappens der linken Hirnhälfte auf, im Wernicke Zentrum, dem sensorischen Sprachzentrum. (Fromkin et al., 2003)

Heute wissen wir, dass „auch subcorticale Hirnregionen (z.B. das limbische System), bis hin zu Mittelhirnstrukturen, wichtig für Laut- und Sprachäußerungen sind."... „Wernickes und Broca'sches Areal sind untereinander verbunden und mit weiteren perisylvischen, temporalen, präfrontalen und hinteren parietalen Regionen verknüpft, so dass das große Netzwerk entsteht, das die verschiedenen Aspekte der Sprache bedient." (Storch et al., 2001, S. 379f.).

2002 haben Wissenschaftler des Max-Planck-Institutes für Evolutions- Anthropologie herausgefunden, dass weiterhin ein Sprachgen namens FoxP2 bei der Sprachfähigkeit des Menschen eine wichtige Rolle spielt. Sie erkannten, dass Mutationen innerhalb dieses Genes zu Artikulationsproblemen sowie linguistischen und grammatikalischen Beeinträchtigungen führt (Enard et al., 2002).

Evolutive Entwicklungsschritte des Sprechapparates und des Gehirns

Wie ich im vorangegangen Kapitel bereits erläutert habe, bedarf unsere menschliche Sprachfähigkeit einiger anatomischer Voraussetzungen. In diesem Abschnitt möchte ich nun auf die Entwicklung dieser eingehen und sie im entwicklungsgeschichtlichen Zusammenhang darstellen.

Betrachten wir das Gehirn unserer Vorfahren so wird deutlich, dass es bezüglich seiner Größe im Verlauf der letzen 2,5 Millionen Jahre einen enormen Encephalisationsprozeß gegeben hat. Während der erste Vertreter der Gattung *Homo*, der *Homo rudolfensis* (2,5 - 1,8 Millionen Jahren) noch ein Hirnvolumen von 600-800ccm hatte, stieg es mit dem Emporkommen neuer Arten der Gattung *Homo* stetig an. So berechnete man das Hirnvolumen des *Homo erectus* (1,8 – 40000 Jahren) auf etwa 750- 1250ccm, bis es beim *Homo sapiens sapiens* schließlich auf etwa 1300ccm kam (Mechsner, 1998). Allein die Größe des Gehirns befähigt uns, wie ich im vorherigen Abschnitt bereits dargelegt habe, nicht der Sprachfähigkeit. Mit der Entwicklung des Gehirns ging aber vermutlich auch die Ausprägung *Planums temporale* einher, dessen Struktur, so vermutet der Neurologe Manuel Casanova vom Medical College of Georgia, letztendlich unsere Sprachfähigkeit ausmacht. Zwar besitzen auch Primaten sowohl in der rechten als auch in der linken Gehirnhälfte ein *Planum temporale*, jedoch ist es im Gegensatz zum menschlichen Gehirn in beiden Gehirnhemisphären gleichstark ausgeprägt. Genauere Untersuchungen des *Planums temporale* zeigten, dass die Zellen des menschlichen Sprachzentrums deutlich anders organisiert sind als die der Primaten. Auch hinsichtlich der unterschiedlich starken Ausprägung desselben in der linken und rechten Hemisphäre des menschlichen Gehirns fanden die Wissenschaftler deutliche Strukturunterschiede. (vgl. Jahn, 2001)

Wenn aber auch Primaten ein *Planum temporale* besitzen, so kann man davon ausgehen, dass auch sämtliche unserer Ahnen, seit der Trennung der Entwicklungslinien zwischen Schimpansen- und Menschenvorfahren vor 5-7 Millionen Jahren, mit diesem ausgestattet waren und es sich im Laufe der Evolution weiter ausdifferenziert hat, bis es schließlich die Komplexität erreichte, die es beim *Homo sapiens sapien*s erreicht.

Auch dem im *Planum temporale* beherbergten Broca Zentrum konnte ein entsprechender Bereich im Gehirn diverser Primaten nachgewiesen werden, der wie beim Menschen in der linken Hemisphäre größer ausgeprägt ist als in der Rechten. Allerdings ist dessen Funktion für die Primaten noch ungeklärt. Vermutet wird, dass es der Gestikulation dient, welche im Laufe der Evolution ein Wegbereiter für die menschliche Sprachfähigkeit gewesen sein könnte. (Knoll, 2001)

Storch et al. (2001) erwähnen allerdings, dass das Broca'sche Zentrum der Primaten keine Verbindung zum *Nucleus ambiguus*, dem Ursprungskern des *Nervus vagus* hätten (vgl. Storch et al., 2001, S. 381).

Was die anatomischen Voraussetzungen im Rachenraum betrifft, insbesondere die so lange als für die Sprachfähigkeit ausschlaggebenden Faktor genannte Absenkung des Kehlkopfes beim Menschen, konnte eine ähnliche Entwicklung auch bei Schimpansen-jungtieren festgestellt werden. 2003 entdeckten drei japanischen Wissenschaftler, dass sich der *Larynx* der Schimpansen ähnlich wie der der Menschenbabies während der ersten Lebensmonate absenkt, das Zungenbein hingegen nicht (Trinkhaus, 2003). Folglich muss eine derartige Entwicklung vermutlich auch bei all unseren Vorfahren seit der Trennung der Entwicklungslinien vom Schimpansen und vom Menschen stattgefunden haben.

Aktuelle Funde von etwa 1,8 Millionen Jahre alten Rückratwirbeln eines *Homo erectus* ließen seinen Entdecker Marc R. Meyer von der Universität Pennsylvania vermuten, dass Sprache möglicherweise schon damals zugegen war. Er und seine Kollegen untersuchten die Wirbel und verglichen sie mit denen von mehr als 2200 Schimpansen, Gorillas und Menschen. Dabei stellten sie fest, dass die gefundenen Wirbel denen der heutigen Menschen ähnlicher sind als denen der Affen und darüber hinaus die strukturellen Voraussetzungen für den Ansatz der Atemmuskulatur boten, wie sie zur Sprachartikulation Voraussetzung ist (vgl. Bower, 2006).

Intensive Untersuchungen des FoxP2-Sprachgens sowie des von ihm kodierten Proteins, führen die Unterschiede zwischen dem der Menschen und dem der Primaten auf lediglich zwei Aminosäuren zurück. Die Veränderungen am FoxP2-Gen müssen sich folglich im Laufe der Evolution als vorteilhaft erwiesen und demzufolge durch einen Selektionsprozeß zur Weitergabe an die Nachkommen geführt haben. Die ermittelnden Wissenschaftler Wolfgang Enard und seine Kollegen vermuten, dass eine der beiden unterschiedlichen Aminosäurefrequenzen für die feinmotorischen orofazialen Bewegungen zuständig ist und folglich für unsere Sprachfähigkeit verantwortlich sei. Allerdings datieren sie dessen Mutation, die die menschenspezifische Struktur hervorbrachte, auf einen Zeitpunkt von vor ungefähr erst 200.000 Jahren im Zusammenhang mit dem Erscheinen des *Homo sapiens* (Enard et al., 2002).

Fazit

Die Frage der Sprachentstehung ein überaus fesselndes Phänomen, dessen vollständige Klärung noch nicht greifbar erscheint. Die verschiedenen von mir erwähnten Theorien und Erklärungsansätze weisen allesamt interessante und durchaus plausible Aspekte auf, die meiner Meinung nach alle einen Teil zur Entstehung der Sprachfähigkeit beitrugen.

Ich persönlich kann mir gut vorstellen, dass ein Zusammenspiel der verschiedenen Theorien letztlich zur Sprachfähigkeit geführt hat, wobei ich mich damit auf die Seite derer stellen würde, die eine kontinuierliche Sicht der Sprachentwicklung vertreten.

Bedenkt man die Fähigkeiten von Schimpansen unter menschlicher Anleitung eine Zeichensprache zu erlernen und zu verwenden sowie deren anatomische Entwicklungen, die, wie ich gezeigt habe, denen der Menschen in einigen Schritten sehr ähnlich sind, so kann ich mir gut vorstellen, dass sich im Laufe der Evolution durch Zunahme des Gehirnvolumens und der Gruppengröße, die Kommunikationsfähigkeit kontinuierlich immer mehr ausdifferenziert und so letztlich zur Sprache geführt hat. Auch die mit einher gehende, stetig gestiegene Komplexität der Werkzeugherstellung, deren Herstellung, so vermutet John Gowlett, durch bloße Nachahmung nicht zu bewerkstelligen gewesen sei (vgl. Mechsner, 1998, S. 82) kann ich mir als eine neben mehreren Komponenten vorstellen, die zur Sprachentstehung führten.

Wenn auch, wie der Primatenforscher G. Hohmann vom Max-Planck-Institut für evolutionäre Anthropologie erläutert, bei Primaten Kultur und Tradition ausgeprägt sind (vgl. Engeln, 2005, S.35) , und somit ein Gedächtnis ausgeprägt ist, das lernen ermöglicht, so klingt es für mich sehr plausibel, dass sich im Verlauf der Entwicklung unserer Vorfahren ein Mittel entwickeln musste, mit dessen Hilfe die Weitergabe der komplexer werdenden kulturellen Eigenschaften und Traditionen der Gruppe effizient weitergegeben werden konnte. Denn durch Zunahme der Gruppengröße und durch das Ausdifferenzieren kultureller sowie traditioneller Aspekte wurde auch die Informationsflut stetig größer, die durch Gehirnvergrößerung bewerkstelligt werden konnte. Wenn aber die Informationsflut stets ansteigt, so bedarf es auch neuer Mittel, um diese Informationen effizient weiterzugeben. Sprachfähigkeit ist dieses effiziente Mittel, denn durch sie wird, wie ich im ersten und zweiten Abschnitt bereits erwähnte, eine Loslösung vom Objekt ermöglicht, die Zukunft planbar gemacht und sie dient zugleich als Identifikationsmittel innerhalb einer sozialen Gruppe. Diese Fähigkeiten wiederum sichern ein effizienteres Überleben und tragen somit dazu bei, dass die Überlebenssicherung kontinuierlich weiter ausgebaut und durch neue Erkenntnisse verbessert werden kann, denn die Konfrontation mit der Sache selbst wird nicht mehr benötigt. Sie kann, wie Siewing (1987, S. 511) es nennt, durch eine „Welt des Geistigen" ersetzt werden, in der durch Gedanken- und Erfahrungsaustausch immer neue verbesserte Überlebensstrategien entwickelt werden können. Sprache hat sich also als vorteilhaft für die menschliche Stammeslinie erwiesen und gipfelte in der effektivsten Form, der Schrift, welche eine Weitergabe von Informationen ohne „Individualkontakt und auch über den Tod hinaus" (Siewing, 1987, S.512) ermöglicht und somit das Angebot an Informationen auf ein Niveau bringt, welches mit unserer genutzten Gehirnkapazität nicht mehr zu erfassen ist. Vielleicht war ja auch diese Entwicklung unausweichlich, wenn man bedenkt wie die Gruppengrößen ständig zunahmen und die daraus resultierende Steigerung der Informationsquantität wirkungsvoll nutzbar gemacht werden musste. Allein durch gesprochene Sprache konnte diese Informationsflut nicht mehr weitergegeben werden. Ermöglicht wird so ein Zurückgreifen auf Erfahrungen aus denen neue Ideen und vorteilhafte Änderungen für die Menschheit gewonnen werden können, ohne dass jede Generation von „Null" anfangen muss, und die uns das Dasein des „modernen" Menschen erst ermöglichte.

Da die Gesellschaften moderner Menschen immer enger zusammengewachsen sind und dieser Prozeß noch nicht beendet ist, wandelt sich auch die Sprache. Wenn Sprache ein Merkmal einer Gemeinschaft ist und somit soziale Funktionen erfüllt, wird die Anzahl der heute noch existierenden Sprachen, im Zuge der kontinuierlichen Annäherungen der Völker in den kommenden Jahren stetig reduziert werden. So vermuten Wissenschaftler, dass bis zum Ende dieses Jahrhunderts mindestens die Hälfte der heutigen Sprachen ausgestorben sein werden (vgl. Kramer, 2005, S.. 155).

Literatur- und Quellenverzeichnis

Engeln, H. (2005): Die Primaten steigen auf. Geo Kompakt Nr. 4 – Die Evolution des Menschen, S.31-35.

Faller, A. (1999): Der Körper des Menschen. Einführung in Bau und Funktionen. Stichworte: Gehirn, Hirnnerven, Kehlkopf, Zungenbein. 13. Aufl. Thieme Verlag, Stuttgart, New York.

Fromkin, V., Rodman, R. , Hyams, N. (2003): An Introduction to Language. Seventh Edition, Thomson Wadsworth, Boston.

Kramer, K. (2005): Die Macht des Wortes. Geo Kompakt Nr. 4 – Die Evolution des Menschen, S.150-155.

Mechsner, F. (1998): Wer sprach das erste Wort?. Geo Wissen – Die Evolution des Menschen, S. 76-83.

Meyers Großes Taschenlexikon Band 21(1999): Stichwort: Sprache, S. 172. Bibliographisches Institut & F.A. Brockhaus AG, Mannheim.

Siewing, R. (1987) (Hrsg.): Evolution. 3. Aufl., Gustav Fischer Verlag, Stuttgart.

Storch, V., Welsch, U., Wink, M. (2001): Evolutionsbiologie. Springer-Verlag, Berlin Heidelberg.

Internetquellen:

Autor unbekannt, Ansatzrohr: (05.05.06) http://de.wikipedia.org/wiki/Ansatzrohr (01.07.06).

Autor unbekannt, Kommunikation: (29.06.06) http://de.wikipedia.org/wiki/ Kommunikation (01.07.06).

Autor und Jahr unbekannt: Unsere Sprache- eine geniale Errungenschaft. http://www.discovery.de/spuren_der_menschheit/menschwerdung/sprache.shtml (27.12.05)

Autor und Jahr unbekannt: Wie sprachen unsere Ahnen. http://www.discovery.de/ spuren_der_menschheit/menschwerdung/sprache/sprachentwicklung.shtml (27.12.05)

Autor und Jahr unbekannt: Gab es einen Prototyp der menschlichen Sprache?. http://www.discovery.de/spuren_der_menschheit/menschwerdung/sprache/ ursprache.shtml (27.12.05)

Autor und Jahr unbekannt: Die menschliche Sprache- Kulturgut oder Ergebnisse der evolutionären Auslese? http://www.discovery.de/ spuren_der_menschheit/menschwerdung/sprache/sprach_gen.shtml (27.12.05)

Bower, B. (06.05.06): Evolutionary Back Story: Thoroughly modern spine supported human ancestor. http://www.sciencenews.org/articles/20060506/fob2.asp (03.07.06).

Enard, W., Przeworski, M., Fisher, S.E., Lai, C.S.L., Wiebe, V., Kitano, T., Monaco, A.P., and Pääbo, S.(2002): Molecular evolution of FOXP2, a gene involved in speech and language. Nature 418: S. 869-872. [pdf] http://www.eva.mpg.de/genetics/files/public_paabo.html   (06.07.06).

Jahn, A. (07.09.01): Der Schaltplan der Sprache. http://www.wissenschaft-online.de/abo/ticker/579271 (02.07.06).

Knoll, U. (30.11.01): Zur Sprache kommen. http://www.wissenschaft-online.de/abo/ticker/583915 (06.07.06).

Lehmann, C. :Ursprung und Evolution der Sprache. http://www.uni-erfurt.de/ sprachwissenschaft/personal/lehmann/CL_Lehr/Wandel/Wandel_Ursprung.html (27.12.05).

Trinkhaus, E. (16.04.03): Descent of the larynx in chimpanzee infants. http://www.pnas.org/cgi/content/full/100/12/6930 (01.07.06).

Bildquellen:

Abb.1 menschlicher Sprechapparat

http://de.encarta.msn.com/encnet/RefPages/RefMedia.aspx?refid=461550417&artrefid=
761559653&pn=3&sec=-1 (21.06.06)

Abb.2 Broa'sches und Wernickes Zentrum aus Fromkin, V., Rodman, R. , Hyams, N.
(2003): An Introduction to Language. Seventh Edition, Thomson Wadsworth, Boston,
Seite 37